战场中的数学

MATH GOES TO WAR

［英］特里·伯罗斯 著
夏凤金 译

科学普及出版社
·北 京·

图书在版编目（CIP）数据

战场中的科学.战场中的数学/（英）特里·伯罗斯著；夏凤金译.--北京：科学普及出版社，2022.4
ISBN 978-7-110-10428-6

I.①战… II.①特… ②夏… III.①科学知识—普及读物 ②数学—普及读物 IV.① Z228 ② O1-49

中国版本图书馆 CIP 数据核字（2022）第 053862 号

© 2020 Brown Bear Books Ltd

STEM ON THE BATTLEFIELD/codes,ciphers,and cartography: math goes to war
Devised and produced by Brown Bear Books Ltd,
Unit 3/R, Leroy House 436 Essex Road London,
N1 3QP, United Kingdom

Simplified Chinese Language rights thorough CA-LINK International LLC (www.ca-link.com)
北京市版权局著作权合同登记　图字：01-2021-7046

目录

战场中的数学 4

导航 6

军事制图 10

代码与密码 14

破解密码 18

弹道学 20

第二次世界大战中的密码 24

破解恩尼格玛密码机之谜 28

航空学 32

军事物流学 36

统计学与档案 40

大事记 44

战场中的数学

1942年6月，日本海军指挥官嗅到了在太平洋上击败美国海军的机会。事情要从6个月前说起，当时日军偷袭了美军驻珍珠港的太平洋舰队。之后，日本方面计划使用调虎离山之计，将美军残余的舰船引诱到中途岛，然后发动突袭。然而，他们还不知道，美方早已做好了战争准备。因为，美国专家已经破解了日本海军的通信密码，了解到了他们在中途岛的作战计划。到了6月4日这一天，美军给了日军沉痛一击。在3天的战役中，击沉日军4艘航空母舰。从此日本海军一蹶不振，无力恢复。

破解日军密码的人是美国的数学家们，是他们改变了战争的局面。在两军对垒时，会经常使

中途岛战役期间，一艘日军军舰陷入一片火海，美军的一架鱼雷轰炸机正在轰炸。

用密码来对本方作战计划进行加密,以防敌人窃取,而敌人则要千方百计地去破解密码。数学正是破解密码的基础。

1903 年,由莱特兄弟设计的世界首架有动力装置飞机在美国北卡罗来纳州的基蒂霍克试飞,而这背后,乔治·凯利所确立的航空原理功不可没。

数学在战场上的应用范围

其实,在军事战争史上,除了用于破解密码,数学还有很多其他功用。例如,几何学(也就是研究空间结构的科学)是航海导航的基础。土地测量员利用几何学知识去丈量土地。随着火炮的发展,炮手可以使用数学知识来确定目标的范围。在 18 世纪末期,乔治·凯利*利用数学知识确定了航空的基本原理。

到了 20 世纪后期,数学成为所有计算机科学的基础。在武器工业中,计算机得到越来越普遍的应用。未来,军用计算机必将显著改变战争的面貌。

---

* 乔治·凯利(1773—1857),英国人,1809 年发表《论空中航行》的论文,精辟准确地阐述了飞行器的基本原理。他成功制造了滑翔机。但是在那个时代,他无法找到合适的飞机发动机。

导航

导航是关于路线规划及行进的科学。几千年以来，如果不能用数学知识来确定方位，水手们就无法规划自己的航程。

公元前3世纪，古希腊数学家埃拉托色尼提出一个设想：用一条条贯穿东西和贯穿南北的线把地面划分成一个个的网格。大约在公元前120年，古希腊天文学家希帕克斯使用数学方法在埃拉托色尼提出的这些线上绘上地点方位。他所使用的方法即是现代数学中的三角测量。

三角测量的基本原理是，知道了三角形中的角度值和一条边的边长，即可算出另外两条边的长度。

古代早期的船，如图中这艘腓尼基人使用的船一样，一般都在近海行驶，这样水手才能依靠岸边的地标导航。

测量纬度

在地球上，用纬度来表示在南北方向的方位，用经度来表示在东西方向的方位。在大海上航行的水手可以通过测量太阳或者其他恒星与地面所成的角度来确定自己的纬度，然后再利用一种三角测量方法确定在地球上的精确位置。水手们所测的这个角度叫作高度角，可以通过伸平手臂，然后再从上面竖起一根手指做个大概测量。公元9世纪，阿拉伯的航海家发明了一种专门的测量装置——卡玛尔测天仪，它利用绳子上的绳结来测量恒星的高度角。

科学档案

航位推测

最初，在大海上航行的人们要想知道航船所处的经度，只能通过以下方法推测。即先记下最近出发的位置（已知方位），然后再根据航速、航向、航行了多长时间来推算。如果把已知方位弄错了，那么后续的方位就越来越不准确。如果是长途航行，水手推算的误差可能达上百千米。

卡玛尔测天仪由一块木板和一条打结的绳子组成。用牙齿咬住其中一个绳结，然后拿着木板，伸直手臂，将木板的上边缘与星星对齐，下边缘和水平面对齐，就能得出所在位置的纬度。

18 世纪 50 年代，英国数学家约翰·伯德发明了六分仪。这种仪器可以测量任意两个目标之间的角度，对水手精确计算恒星角度大有帮助。

六分仪得名于它那 60°的圆弧，即一个圆周的六分之一。

航海钟

从 15 世纪后期开始，欧洲的舰队在全世界开疆拓土。他们建立了新的贸易航线、殖民地和海外定居点。这时，水手们需要一种更好的测量经度的方法。为此，得首先能精确地知道时间。在航海中，大多数钟表都不太精确。这一问题在 1735 年得以解决。英国人约翰·哈里森制造了一款精确的时钟，称作航海钟。知道航海钟显示的时间与从伦敦出发的时间，再结合观测太阳的位置，水手就能知道自己的确切位置。从此，精确的航海测位成为可能。

无线电的应用

19世纪末期，海军的将帅们开始使用无线电导航，这源于科学家在第一次世界大战（1914—1918）前发明了无线电测向仪（RDF）。飞机或者轮船上安装上特制的雷达接收从两个不同无线电源发出的无线电波，RDF对这两个信号方位进行三角运算，这样就能确定飞机或轮船的位置。在20世纪，无线电波方法是航海航空导航的主要方法。

1929年，美军工程师正在测试新升级的无线电测向仪（RDF）。圆形的装置是接收无线电信号的雷达。

科学档案

全球定位系统（GPS）

1974年，全球定位系统（GPS）的第一颗卫星发射升空。全球定位系统的卫星不间断地发出信号，船只上的接收器收到这些信号后就能解析出自己的精确位置信息。如今，在海面上，即使再小的航船都装载了全球定位系统。

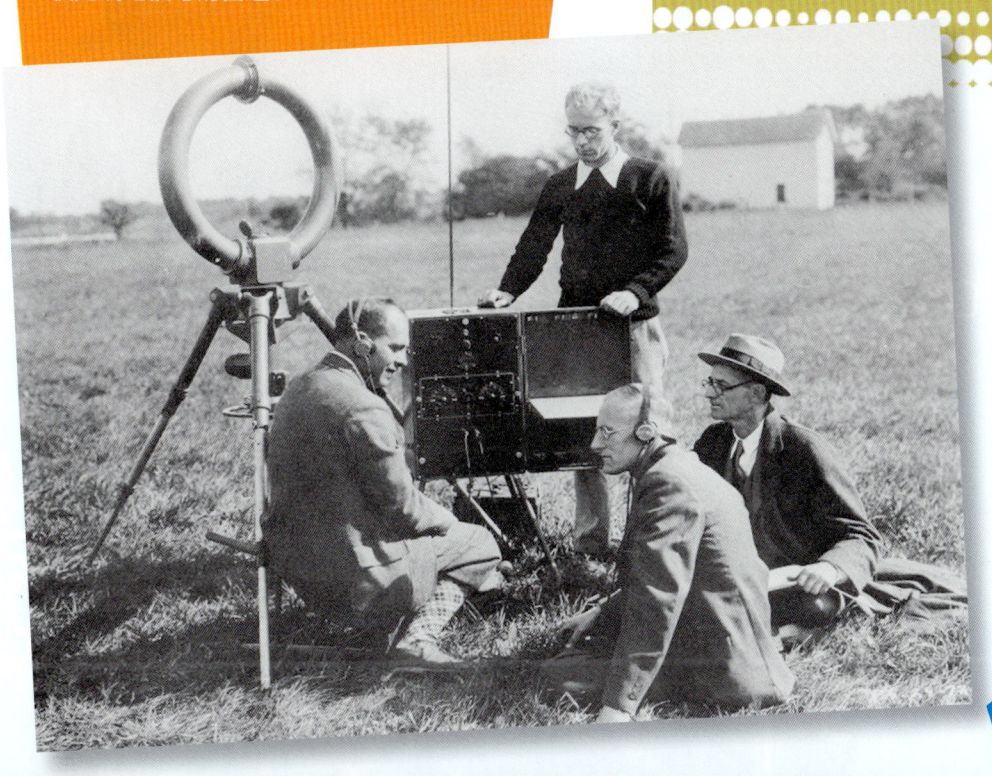

军事制图

在战场上，指挥官们善用地形以击败敌人：或是靠山隐蔽，或是诱敌深入峡谷之中，又或是用河流截断敌人退路……

制订作战计划的基础是制图，也就是绘制地图。军事指挥官常常对战场不太熟悉。现在有了卫星摄像，几乎可以将地表上的任何地方尽收眼底，但在此之前，军事测量员要利用三角测量法去实测距离的远近、山川的高度、河流的宽窄，并以此绘制地图。

现代战争中，士兵仍然会使用地图，不过现代的地图比古代地图更精确。

军事制图员的职责是绘制地图以辅助制作作战计划。关于绘图对作战的影响，有一个著名的例子：1813 年，当时正值拿破仑战争期间（1803—1815）。普鲁士人与法兰西帝国皇帝拿破仑在德国的莱比锡交战。普鲁士的测量员绘制了进攻作战地图，利用对当地的了解，最终大败拿破仑的军队。这是 10 年来，在对欧洲国家的作战中拿破仑第一次大败。

这张地图是由美国制图工程部队司令詹姆斯·H. 辛普森在 1859 年绘制的。地图中显示了美军及定居者的马车西行穿越犹他州的路线。

科学档案

向西部挺进

为了对美国西部的大部分未开垦的土地进行调查测量，美国在 1838 年成立了制图工程部队。这支部队负责寻找合适的地点营建城堡和其他军事设施，其成员都是制图高手。他们考察了西部的地形，为大小道路和铁路选择最优路线。

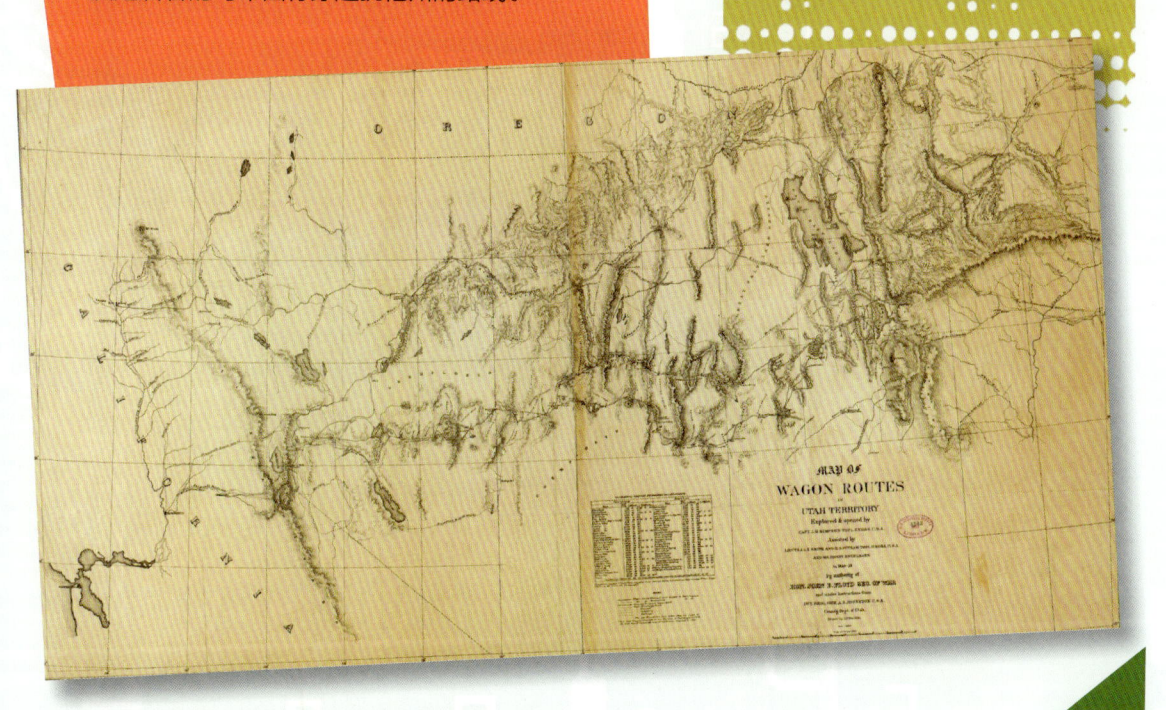

地利

在军事地图上会记录所有可能有利于行军的信息，从当地的气候到地形，不一而足。1863年，在美国内战期间（1861—1865）北方联军和南方盟军在宾夕法尼亚州的葛底斯堡展开战斗，北方联军的测量员建议指挥官将部队部署在葛底斯堡附近的岩石高地上，而南方盟军穿过松软的平地向山上进发的时候，行进迟滞，易受攻击。结果真的应验了！北方联军的这次胜利成了美国内战的转折点。

在这张葛底斯堡之役地图上，淡蓝色的标记（左侧）是战争第二天联军兵力部署的位置，他们占据高地，整个城镇尽收眼底。

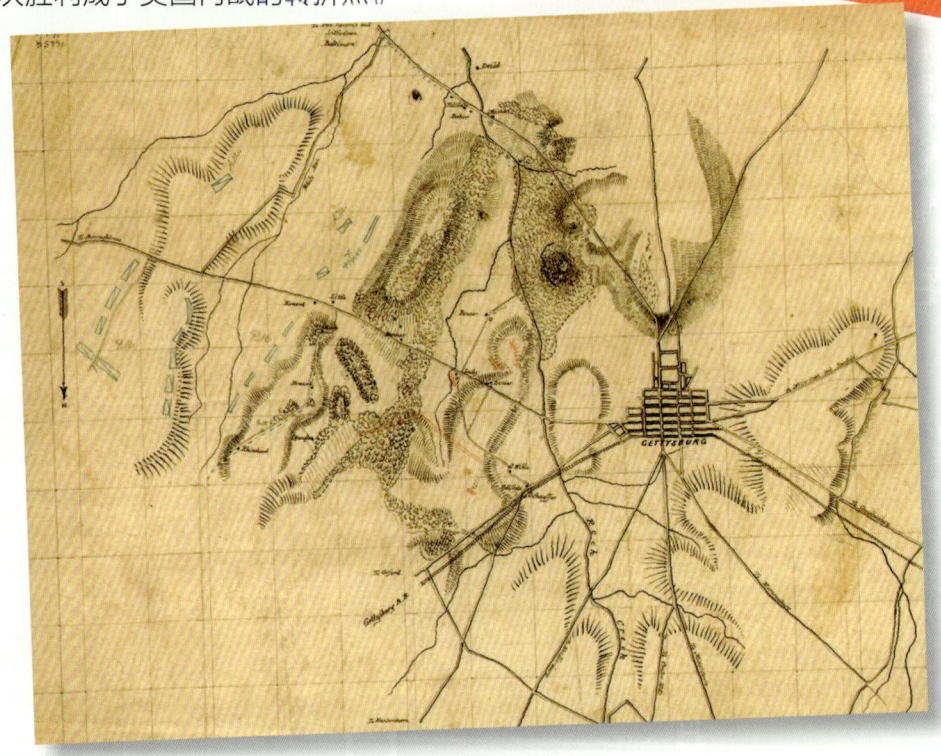

航空摄影

随着 19 世纪照相机的发展和 1903 年飞机的发明，军事制图技术迎来了飞跃。在"一战"期间，飞行员可以对地方位置进行拍照，指挥官利用这些照片制订作战计划。在越南战争期间（1955—1975），美军制图部队利用航空摄影绘制了越南部分地区的地图，其中很多地方之前从来没有绘制过。

目前，很多卫星环绕着地球运行，它们不断地对地球拍照。军事制图员利用这些照片可以绘制作战区的精确地图。在 21 世纪的第一个十年，美军在阿富汗和伊拉克的军事行动中，就用到了这种地图。

"一战"期间，美国空军的航拍员可以在 20 分钟内将航拍照片传送至指挥部。

代码与密码

战争期间，保守作战计划秘密是极其重要的。使用密码和代码对信息进行加密，可以使敌人很难获取到信息。

代码和密码是两种不同的保密方式。代码是将书面信息转化成其他形式，比如莫尔斯电码，用点和短线代替字母；还有一种是使用代码的方式，比如将拉开和拉上窗帘作为一种代码。用密码处理一条信息，就是将字母用其他字母或数字代替。

两种加密方式所处理的原始信息称作"明文"。将明文转化成密码或代码就称作加密。

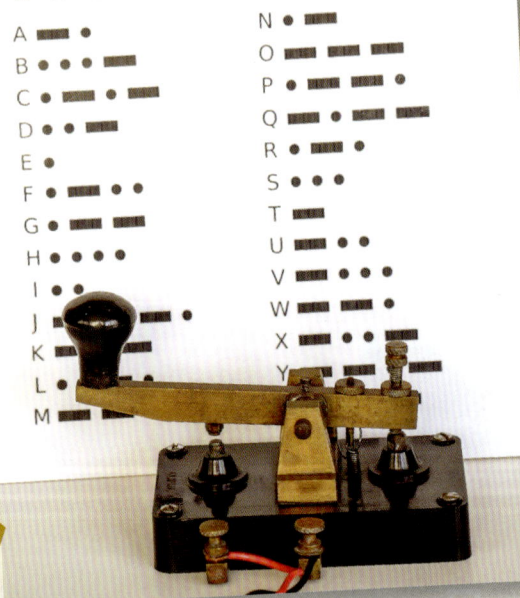

聪明的大脑

塞缪尔·莫尔斯（1791—1872）发明了一种发送无线电消息的方式。他将字母改头换面，变成点和短线的形式。这些或短或长的信号听起来是"滴滴"或是"哔哔"的声音，看起来是闪烁的亮光，画出来像是某种特别的虚线。呼救信号"SOS"的莫尔斯电码是三个点、三条短线、三个点，这仍然是目前国际上应用最广泛的呼救信号。

莫尔斯电码是由图中小的电报机发送的，它发送的或长或短的电脉冲代表了短线和点。

古希腊的这种密码棒，将带子缠到上面就可以识别带子上的单词。

首次在战争中使用密码的是古希腊的斯巴达人。在公元前 4 世纪，斯巴达人的指挥官使用一种叫密码棒的装置传递信息。他们先将一条带子缠在一根木棒上，然后再把信息写在带子上。在信息传递过程中，传递员把带子取下来。只有将带子再次缠到同样的木棒上，才能读取信息。

凯撒密码

公元前 1 世纪，古罗马人创造了一种简单的密码。具体方式是将字母用顺着字母表后几位的字母代替。比如，字母"D"用后面第五个字母"I"代替，"O"后面第五个字母是"T"，"G"后面第五个字母是"L"，那么单词"DOG"用密码表示就变成了"ITL"。这种加密方式叫凯撒密码，是根据罗马军队的将领也就是后来的罗马皇帝凯撒命名的，在战争中，他就是用这种加密方式向他的将领发布命令的。

转一转

15世纪，意大利建筑师莱昂·巴蒂斯塔·阿尔伯蒂发明了一种更复杂的密码。将一大一小两个带字母的圆盘套在一起，里面的圆盘可以转动。使用的时候，转动内侧圆盘一定的角度，用外盘所对应的字母替代内盘上的字母。

这是美国内战时期使用的密码盘，上面标记的 CSA，表示美国南方联盟。转动外圈，可以对信息进行加密或解密。

科学档案

内战密码

在美国内战期间，交战双方都制作了密码盘。北方联军的密码盘是用硬纸板做的，内外圈各用了30个字母和数字。南方盟军的密码盘是用黄铜做的，比较简单，只用了26个字母。

这是解读维吉尼亚密码所用的密码表。使用者通过横纵坐标找出破解密码所需的字母。

更复杂的加密方式

  1553 年，意大利人焦万·巴蒂斯塔·贝拉索发明了另一种密码，他同时使用一系列的凯撒密码进行加密：字母前移或后移的量是由加密的关键词决定的。在当时，人们认为这种加密方式是不可能破解的。在 19 世纪，因为当时误传这种加密方法是法国人布莱斯·德·维吉尼亚发明的，所以也称其为维吉尼亚密码。

  随着时代的发展，加密方式越来越复杂。有的甚至同时使用多表进行加密。20 世纪 20 年代，出现了用齿轮密码盘，现如今又有了计算机加密，如果不知道密钥，几乎不可能破解。

破解密码

在战争中，是否能破译敌人的信息关系着作战的成败。密码破解改变了战争进程。

"一战"期间，德国政府向其驻墨西哥大使发送了一封加密电报。电报中要求大使向墨西哥求援，并承诺如果德国胜利，则将美国南方的土地送给墨西哥。英国截取并破解了这封电报，提供给了美国。美方大怒，决定1917年4月对德开战。

新方法

9世纪，阿拉伯学者阿勒金迪描述了一种破解密码的方法——频率分析，也就是将密文中字母的出现频率跟语言中最普遍的

1917年1月，英国截取了德国的秘密电报。这就是著名的齐默曼电报，是根据当时的德国外交秘书命名的。

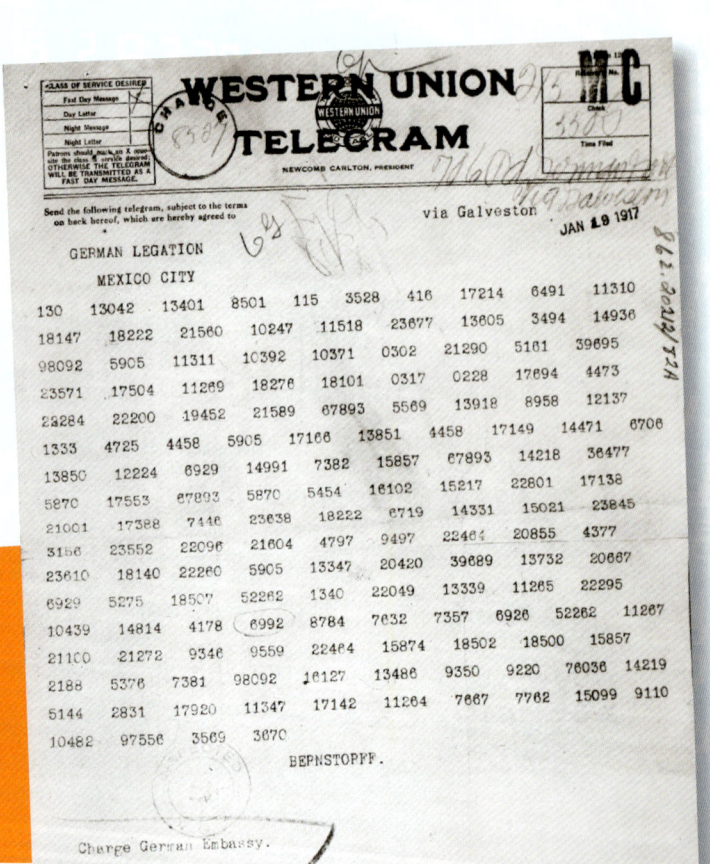

字母进行比较。

如果用两个或两个以上的字母表对明文进行加密，破解起来就难得多了。1863年，弗里德里希·卡西斯基破解了维吉尼亚密码。他首先计算出了关键词的长度，然后再对字母进行不同形式的排列组合，直到试出密码。用现在的计算机去做这种排列组合就简单多了。

到了20世纪，计算在破解密码的过程中越来越重要。对于一些现代的军事密码，除非破解者知道一些诸如关键词等信息，否则无法破解。

有了计算机，就可以设计更为复杂的密码。尤其在军事上，密码破解的难度非常大。

科学档案

频率分析法

在一门语言中，某个单词或者单词组合出现的频率对于破解密码来说非常重要。在英语中，字母"e"是最常见的字母，所以在密码中出现最多的字母可能就代表"e"。同样，"th"是最常见的字母对，破解者只需在密码中找出出现次数最多的字母组合，其可能就代表"th"。

弹道学

弹道学的研究对象是子弹和导弹。它们由枪或大炮发射，专家们利用数学知识就能知道它们会飞多远。

古代的战士知道，用力越大，长矛出手的速度就越大，在落地之前飞得更远。对于用枪或者大炮来发射的炮弹来说，也是同样的道理。当然，子弹也好、炮弹也好，最终都会慢慢减速，掉落地面。

第一次研究

第一个研究炮弹弹道的是意大利人尼科洛·丰塔纳·塔尔塔利亚。1537年，他计算出了炮弹在空中的飞行路径。

古希腊哲学家亚里士多德曾说，炮弹在空中沿直线飞行，然后竖直掉落至地面。塔尔塔利亚

在这本1606年出版的书中，塔尔塔利亚认为炮弹的飞行路径取决于它的发射角度。

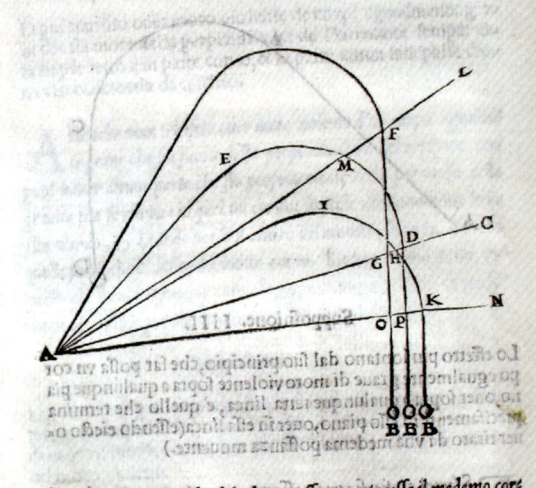

对此只同意前半部分的说法，对于炮弹降落的轨迹，他认为是一条曲线，并非竖直的直线。

伽利略的实验

17 世纪早期，意大利科学家伽利略·加利雷找到了测试炮弹飞行的方法。

科学档案

测定距离

一颗炮弹飞行的远近取决于几个因素：第一个是发射角，第二个是离开炮筒的速度，第三个是使它速度变化的重力。只要炮手知道要射击的目标有多远，他们就能计算出如何发射才能击中目标。

一个美国海军陆战队士兵正在使用测距仪测量到目标的距离，这种仪器使用的是激光测距。

21

在射击练习中，一枚炮弹飞出美式 M198 榴弹炮的炮膛。为了使炮弹正好击中目标，榴弹炮的弹道弧度比较高，速度也比较低。

伽利略在一颗铜球上涂满墨水，让其在一个长斜面上滚动，来模拟炮弹在空中的运动。铜球有一个初速度，然后逐渐变慢，到达最高点后，向斜面底部滑去。墨水则在斜面上留下了铜球运动的精确轨迹。

铜球的路径证实了塔尔塔利亚的理论，也就是一个物体在空中减速后，沿着曲线降落至地面。科学家现在已经知道，出现这种现象的原因是地球的引力使物体向下运动。物体运动得越慢，这种引力的效果越明显。

击中目标

伽利略之后找到了计算弹道的方法。炮弹走过的路径其实是一条抛物线，掌握了相关规律就能打得更准。首先要知道炮弹的重量和速度，再测量到目标的距离，根据这些信息就能把炮筒调到适当的角度进行发射，发射出的炮弹在地球引力的作用下减速、降落，最终准确击中目标。

科学档案

诺顿瞄准器

第二次世界大战期间（1939—1945），美国空军曾使用了一种叫诺顿瞄准器的高空瞄准射击装置。当投弹手观察到轰炸目标，他只需要按下发射按钮即可。这时有一台简单的计算机会根据飞机的飞行高度和速度计算出合适的发射位置，在此位置投下炸弹，百发百中。

第二次世界大战期间，被轰炸的德国城市上空浓烟滚滚。在这场战争中，美国和英国发动了上千轮空袭。

23

第二次世界大战中的密码

第二次世界大战中，德国用机器来对信息进行加密。作为对手的英国和美国的数学家们面对的是当时最为复杂的密码。

恩尼格玛密码机是最为著名的军用密码机。使用者在键盘上敲出要传送的信息（明文），每次敲击，恩尼格玛密码机内部的三个转盘就会旋转，最终显示一个替代字母（用亮灯显示），这个字母就是密文中的字母。

打乱顺序

每次敲击输入信息之间，恩尼格玛密码机中的转盘转动方式都是变化的，这样密文显示出来的字母顺序看起来就是杂乱无章的。实际上，字母的顺序取决于在录入信息之初对于机器的设置。操作员使用绝密的电报密码本来完成这种设置，转盘、电线及其他部分等都可以改变，经过这么多改变设置，所输出的密文就很难被破解。

密文通过无线电波以莫尔斯密码的形式传送。电波抵达目的地后，经接收

一名德军士兵向恩尼格玛密码机输入信息，同时另一名士兵在记录密码信息。

器接收，并被输入另一台恩尼格玛密码机中，因为这台密码机与上一台密码机的设置一样，因此就能还原出明文来。

第一台密码机

1932年，一个法国间谍窃取了一台早期恩尼格玛密码机（只有1个转盘）的资料，帮助波兰数学家破解了第一个恩尼格玛密码机密码。1939年，德国在恩尼格玛密码机中又增加了2个转盘，这样使得密文更复杂。德国人坚信这种密码是不可能被破解的。

科学档案

恩尼格玛密码机

德国工程师亚瑟·谢尔比乌斯发明了恩尼格玛密码机，并在1926年将它卖给了德国海军。这台密码机操作十分烦琐。每发送一次信息，操作员需要对3个转盘、每个转盘上的字母环及转盘与键盘之间的连线都重新设置。

这种恩尼格玛密码机设计精巧，操作员可以对3个转盘（键盘上面）和转盘与键盘之间的连线进行重新设置。

⦀ 一种新的装置

英国密码破解员研究了波兰数学家的工作，找到了破解恩尼格玛密码机密码的方法。1943年，德国最高指挥部意识到恩尼格玛密码机密码已经被破解，随后他们发明了洛伦兹密码机，它有12个转盘，比恩尼格玛密码机复杂得多。德国人坚信这是不可破解的，但是，因为一个德国操作员的失误，盟军还是破解了这种密码机。

> 德国的洛伦兹密码机有12个转盘，每个转盘上都有可以移动的字母环。对于同一段电报，它可以产生数十亿种密文。

盟军的密码机

"二战"期间，英国和美国也发明了他们自己的密码机。英国的密码机叫 Typex，这是一种在 20 世纪 30 年代恩尼格玛密码机基础上发展起来的一种密码机，它有 7 个转盘，所以比恩尼格玛密码机更复杂一些。美国也发明了一种密码机，叫 ECB Mark Ⅱ 或 SIGABA。用这两款密码机加密的密文从未被破解。

中途岛战役中一艘日本巡洋舰正起火燃烧（1942 年 6 月，美国破解了日本的密文，得知了日本军舰的动向，从而在中途岛重挫日军）。

科学档案

JN-25 密码本

日本海军没有使用密码机，而是使用了密码本，美国称其为 JN-25。这个密码本包含 9 万多个单词。美国的破译员发现一些诸如"阁下"的短语反复出现，根据这一信息，他们用机器统计了字词出现的频率，从而破解了 JN-25。

破解恩尼格玛密码机之谜

在"二战"之初，英国就建立了一座破解敌军密码的秘密中心，中心位于英格兰中部的布莱切利庄园，这个机构的官方名称是政府编码密码学校。

英国政府雇用了各种各样的人才进行密码破译工作，其中大部分人是顶尖高校的数学教授或毕业生。除此之外，还有一些语言学家、象形文字专家、古代手稿专家、国际象棋棋手和填字游戏的高手。

在鼎盛时期，布莱切利庄园里住了1万多名密码破译员。他们被分入不同的小组，这些小组在各自的木屋里工作。数学家艾伦·图灵领导了8号木屋的工作，他们的任务是破解德国海军使用的恩尼格玛密码机密码。

布莱切利庄园的面积很大，坐落在静谧的英格兰中部。很少人知道它的存在。

破解恩尼格玛密码机

图灵发明了一种电动的机器，他将其称作"爆炸机"。正是使用这台爆炸机，图灵与国际象棋棋手休·亚历山大联手破解了恩尼格玛密码机密码。因此，英国可以追踪到德国的 U 型潜水艇在大西洋的部署位置，并获知日本正在做战争准备。而与此同时，德国尚未意识到自己的秘密已经被破解。

聪明的大脑

艾伦·图灵（1912—1954）领导了英国的密码破解工作。他是一名数学家，也是计算机科学的先驱。他在 1936 年提出了图灵机的设想，这是早期计算机的一种形式。在"二战"期间，他发明了"爆炸机"。图灵被认为是"计算机科学之父"。

在破译出德国 U 型潜艇的位置之后，盟军的军舰和飞机对其实施了轰炸。

布莱切利庄园里，一位女性职员正在为爆炸机编码。这台由图灵设计的电子装置协助英国破译了恩尼格玛密码机密码。

"巨人"计算机与洛伦兹密码机的对决

　　布莱切利庄园是第一台可编程电子计算机的诞生地。这台计算机名为"巨人"，协助破译了用洛伦兹密码机编制的密文。洛伦兹密码机是用来在德军高级将领之间传递重要消息的，一个德国操作员犯了一个错误，从而使英国抓住机会破解了洛伦兹密码机。这位德国操作员发出了一条加密的信息，在第二条信息中又含有上一条信息中单词的缩写词。一位叫威廉·图特的破译员对这两条密文进行了研究，发现了它们之间的重复，从而破解出洛伦兹密码机的工作原理。

　　洛伦兹密码的破解，让盟军占尽了先机。自此之后，他们可以解析德军的

"二战"后，英国首相温斯顿·丘吉尔下令销毁了所有关于布莱切利庄园以及密码破译员工作的记录。

聪明的大脑

在布莱切利庄园工作的女性

到"二战"即将结束时，在布莱切利庄园工作的人员中75%是女性。她们中的很多人来自富足的军人家庭，有一些是专门学习密码学的。比如琼·克拉克，这位来自剑桥大学的女数学家在庄园的8号木屋工作。还有一些女性负责检索敌军信息，或发报等工作。尽管可能没有男性的工作那么显眼，但是她们对布莱切利庄园工作的成功功不可没。

兵力部署和作战策略。美国总统德怀特·D.艾森豪威尔后来曾表示，密码的破译至少使"二战"缩短了两年。

一个珍藏了30年的秘密

布莱切利庄园的工作是高度保密的，所有工作人员都必须承诺绝不透漏自己的工作，甚至他们的家人都不知道。直到20世纪70年代，这个庄园里的一些战时工作细节才慢慢被公众所知。

航空学

顾名思义,航空学就是关于飞行的科学。飞行科学的先驱们用数学方法找到了使一台沉重的机器脱离地面飞上天空的方法。

早期的科学家通过观察鸟来研究飞行。在古埃及人的手稿中详细描述了鸟是如何飞行的。在15世纪后期的欧洲,艺术家、发明家莱昂纳多·达·芬奇也对鸟进行了研究,并结合自己的观察设计了第一个有人操控的飞行器。他设想的这种"扑翼飞机"有两个翅膀,通过飞行员摆动胳膊振动。达·芬奇还设计了一种直升机,类似于今天的螺旋桨,也有一根转轴。不过他从未建造这些机器,现代科学也证明这些机器绝不可能飞起来。他们起飞所需的能量绝非一个飞行员能够提供。

达·芬奇设计的扑翼飞机的翅膀太过庞大,在空气中会遇到很大的阻力,飞行员不可能扇动起来。

四个力

到了19世纪早期，英国工程师乔治·凯利开始人类首次对飞行的科学研究。他认为在飞行中会涉及四个力，分别是推力、阻力、升力及重力。在推力的作用下，飞机向前运动，克服空气阻力；在升力的作用下，飞机克服重力，升入天空。凯利设计了一款也许能够飞行的飞行器。

法国发明家奥托·利连索尔在1895年试飞了一架滑翔机。两翼的面积比单翼更大，能提供更多的升力。

科学档案

创造升力

创造升力的关键是机翼的形状，机翼的上表面必须是隆起的，下表面必须是平的。这样，当机翼在空气中穿行时，上表面的空气速度更快，导致上面的气压更低，根据伯努力原理*，这样就产生了向上的升力。

---

* 流体速度越大，压强就越小。

"二战"期间,一架战斗机的模型正在风洞中接受测试。弯曲的机翼设计可以让飞机有空间加挂炸弹飞行。

　　1804年,凯利制造了一架滑翔机,几乎为后世所有的飞机定了型。这架滑翔机的机身很长,机翼位于机身中部,垂直尾翼上有水平杆保持飞机的平衡。滑翔机很轻,只靠风力就能起飞。一旦起飞,就能在暖气流*的作用下上升。

有动力飞行

　　一些科学家进一步发展了凯利的工作。他们利用风洞研究固体物体在空气中的运动属性。法国发明家奥托·利连索尔对滑翔机进行了实验,他计算出,利用弯曲的窄机翼可以创造大升力,同时减小阻力。1903年,奥威尔·莱特和威尔伯·莱

---

* 大地表面温度高时气流上升。

特利用这个原理制造了第一架有动力的飞机。

莱特兄弟设计的飞机靠螺旋桨发动机提供动力，这也是早期飞机的普遍形式。直到 1939 年，第一架喷气式飞机海因克尔 He-178 出现，它靠将空气从转动的管道中喷出提供动力。1944 年 6 月，德国制造了 Me262，这是世界首款喷气式战斗机。

配备了两台喷气式发动机的 Me262，最高飞行速度可达 900 千米/小时。

聪明的大脑

威利·梅塞施密特（1989—1978），德国工程师，在"二战"期间声名鹊起。他设计了德国空军在"二战"中最重要的战斗机 Bf109。在战争后期，他又设计了 Me262，这是世界首款喷气式战斗机。一对后掠翼，使 Me262 可以达到较高的飞行速度。

35

军事物流学

军事物流学是研究部队的运输和后勤保障的科学。英文中的物流"logistics"来源于古希腊语中的"logistikos"，是"熟练计算"的意思。

在军事物流学史上，第一个重要人物是法国人米歇尔·勒泰利耶。17世纪晚期，他在法国创立了一支职业部队。他通过计算每个士兵所应配备的弹药和食品数量，来确定整支部队所需补给的总量。为了确保补给过程平稳进行，他订立了标准规定，以使后勤人员在成本不变的情况下，快速为部队提供食品和器材补给。泰利耶还首创了在前线设立补给点的方法，这样可以保证补给品快速达到士兵手中。

在克里米亚战争（1853—1856）中，英国在克里米亚铺设了铁路，为驻守在巴拉克拉瓦的士兵提供补给（车厢是由马拉的）。

美国内战期间,铁路桥被南方盟军破坏后,为保障火车通过,北方联军的工程师搭建起了新桥。

科学档案

美国内战

在美国内战期间,北方联军几乎控制了全国3/4的铁路。对于南方盟军来说,缺少铁路,就无法为军队提供有效的补给。在战争后期,这种不利影响愈加明显。无法有效运送军用物资是南方联盟在1865年最终战败的重要因素。

铁路运输

几千年来,军队都是使用马拉人背的方式来运送物资。直到19世纪中期蒸汽机车的出现,使军队可以用铁路来运送各种补给。在克里米亚战争期间,英军为了给前线部队配送补给,专门铺设了铁路。

37

第一次世界大战

在"一战"期间,交战双方都在法国北部和比利时挖了不少壕沟,这里就是"一战"的"西线",大多数战斗都是在这附近展开。战斗的规模都很大,双方投入兵力上百万。比如在1918年的一场战役中,美国的火炮部队就消耗了80万枚炮弹。因此,双方都需要补充大量的弹药及其他物资。

为了运送补给物资,双方均铺设了永久性的铁路和公路。在这场战争中,摩托化车辆首次在物资输送中发挥主要作用。但是西线的部分地区受到了严重的轰炸,地面崎岖不平,卡车难以行进。军队不得不使用马匹拉着车厢穿过这些地区。

"一战"中,法国境内的某个美军补给点,士兵们正从油罐车里向金属罐中灌装供卡车和坦克使用的汽油。

科学档案

计划先行

军队中，负责组织军需物资保障的叫军需官。他们使用统计学知识计算需要补给的量。现代军队需要补给的物资很多，比如装备器材、弹药、燃料、食物等，临阵磨枪根本就不能满足补给要求。因此，美国海军尝试预估在海上发生重大意外的可能性，然后依此计算需要储存多少燃料。

"二战"期间，在太平洋洋面上，一艘日本货船被美国潜艇击中。

第二次世界大战

到了"二战"，军队物流变得更加困难。在这场战争中，以美国、英国、苏联、中国为代表的同盟国对阵德国及其盟友日本、意大利为首的轴心国。因为英国依赖美国的食物和军用器材的补给，所以德国的潜艇试图在补给船穿越大西洋的时候将其击沉。同盟国则动用大量战舰、战机和雷达去保护补给船。日本也同样依赖外来补给，美国海军的潜艇在大西洋击沉了很多日本的补给船。缺少外来物资的补给严重削弱了日本的经济。

统计学与档案

在过去，大多数军队都很少做统计工作，对士兵的情况也鲜有详细的数字记录。不过从 19 世纪开始，统计学成为战争的关键。

美国内战期间，交战双方都保存了详细的军事记录。北方联军和南方联盟对征召的所有士兵都记录在案，并标注了士兵所受的大小伤情；如果士兵阵亡或者退伍，他们也有记录。1864 年，北方联军将他们的军事记录集结在了《叛乱战争：美国内战的官方记录》一书中。从 1865 年开始，又将南方联盟的数字纳入其中，编撰完成了 127 卷的"OR"（官方记录）。

"二战"中，德国城市纽伦堡沦为一片废墟。财产损失的记录有助于战后组织重建和赔偿工作。

第一次世界大战

在"一战"中,双方对各自的士兵信息进行了详细的记录。在西线战场,将领们能很快掌握有多少士兵受伤或阵亡,即使找不到尸体;如果士兵阵亡了,也能快速通知其家人。

美军士兵用橡胶圈套住身份识别牌,以防它们碰撞发出声响,暴露自己的位置。

科学档案

身份识别牌

身份识别牌由美军在1906年首次使用。到了1913年,每个美军士兵都会佩戴身份识别牌。这块金属小牌挂在士兵的脖子上,用来识别受伤或阵亡的士兵。牌子上注明了士兵的关键信息,包括士兵姓名及军队编号,除此之外,还有一些医疗信息,比如血型。身份识别牌一般是成对佩戴的,如果一位士兵阵亡,会将其中一块牌子取下来以向上报告,另一块则留在尸首上,以备后期比对。

"二战"期间，轰炸造成了大量平民伤亡和财物损失。上图是被炸毁的伦敦火车站。

第二次世界大战

在"二战"中，统计学在空战中起到了重要的作用。双方都对对方的军事、城市和工业目标进行了轰炸。飞行员对目标的炸后情况进行拍照。分析人员对这些照片进行分析，以评估轰炸的效果，帮助指挥官决定是否发起第二轮轰炸。

战争分析

20世纪40年代，数学家路易斯·弗赖伊·理查森开始进行战争分析研究。他利用数学知识分析战争的起因，认为军备竞赛增加了战争的可能性。理查森将他的研究数据发表在《致命争吵的统计》（1960年）一书中。

理查森分析了发生在 1809—1949 年的战争，并根据伤亡情况将其分类。之后，用概率论的知识分析什么样的国家可能会走向战争。他希望这一研究帮助人们找到避免战争之道。

今天战争依然在不断地爆发，不过现代战争更多的是依靠计算机和复杂的智能武器，这意味着，数学仍然是未来战场的中心。

这是法国的一处"一战"纪念墓地。世界上第一处战争纪念墓地是在美国内战期间建立的。

科学档案

伤亡数字

战争伤亡数既包括军事人员的伤亡数，也包括平民的伤亡数。用平民伤亡数除以总的伤亡数得到的比值叫平民伤亡率。在 20 世纪之前，平民和军事人员的伤亡差不多，也就是这个比值大概为 50%。"二战"期间，由于双方都对人口密集区域进行了轰炸，这个比值达到了 70%。在最近的阿富汗战争和中东战争中，平民常常被迫卷入战争，伤亡率达到了 90%。

大事记

约公元前 1900 年	在古埃及王国的象形文字及美索不达米亚的泥版中发现了人类最早运用密码隐秘通信的尝试。
约公元前 700 年	斯巴达人发明密码棒——用羊皮纸缠绕在棒子上——传递秘密的军事信息。
约公元前 200 年	古希腊发明波利比奥斯方阵加密信息。
约公元前 100 年	罗马帝国改进了单码代替凯撒密码。
约公元 800 年	阿拉伯数学家阿勒金迪描述了一种破解密码的方法——频率分析。
1553 年	焦万·巴蒂斯塔·贝拉索发明多表置换密码,因为误传这种加密方法是法国人布莱斯·德·维吉尼亚发明的,所以也称其为维吉尼亚密码。
1799 年	乔治·凯利利用数学知识确定了航空的基本原理。
1813 年	在西里西亚,普鲁士人根据地形信息排兵布阵,大败拿破仑。
1844 年	塞缪尔·莫尔斯展示其用莫尔斯代码写的发给议会的电报,内容是"What hath God wrought"。
1863 年	普鲁士军官弗里德里希·卡西斯基发表《隐写与解密》,这是首部密码学专著。在其中介绍了维吉尼亚密码的破译方法,称为卡西斯基试验。
1918 年	德国数学家、工程师亚瑟·谢尔比乌斯发明了恩尼格玛密码机。德军在 1926 年采用了这种机器。
1939 年	英国数学家艾伦·图灵在布莱切利庄园为英情报部门工作时,发明了"爆炸机",可破解德国恩尼格玛密码机产生的所有密码。
1942 年	利用反推程序,布莱切利庄园的密码破解者们计算出了德国洛伦兹密码机的整套逻辑结构。
1960 年	路易斯·弗赖伊·理查森发表在《致命争吵的统计》一书分析了发生在 1809—1949 年的战争,并根据伤亡情况将其分类。
2000 年	"航天飞机雷达地形测绘使命"任务对全球 80% 的陆地地形三维成像,其结果应用在美军的军事行动中。